FORSCHUNGSBERICHTE DES LANDES NORDRHEIN-WESTFALEN

Nr. 1343

Herausgegeben
im Auftrage des Ministerpräsidenten Dr. Franz Meyers
von Staatssekretär Professor Dr. h. c. Dr. E. h. Leo Brandt

DK 666.6:666.038:620.174

Prof. Dr.-Ing. habil. Adolf Dietzel

Direktor des Max-Planck-Instituts für Silikatforschung Würzburg,
im Auftrage der Deutschen Keramischen Gesellschaft e.V., Bad Honnef

Untersuchungen über das Schnellkühlverfahren bei Steinzeug

Gefügeaufbau des Scherbens von Isolatorenporzellan

WESTDEUTSCHER VERLAG · KÖLN UND OPLADEN 1964

ISBN 978-3-663-06516-6 ISBN 978-3-663-07429-8 (eBook)
DOI 10.1007/978-3-663-07429-8

Verlags-Nr. 011343

Gesamtherstellung: Westdeutscher Verlag

Untersuchungen über das Schnellkühlverfahren bei Steinzeug

Im Zuge der Rationalisierung der Herstellung von Steinzeug (Kanalisationsrohre, Behälter, Laborausgußbecken und dgl.) ging man auch dazu über, das Brennverfahren wirtschaftlicher zu gestalten. Während man bisher die Ware nach dem Brand im Ofen, sei es Kammerofen oder Tunnelofen, unkontrolliert bis nahezu Zimmertemperatur abkühlen ließ, ging auf eine Anregung von G. Cremer die Firma Cremer u. Breuer, Frechen, als erste dazu über, die Abkühlzone nach dem Garbrand bis etwa 800°C kontrolliert wesentlich zu verkürzen. Dies war nur dadurch möglich, daß man der Ware durch eingebaute Kühlschlangen im Ofen zwangsweise Wärme entzog. Dies brachte zunächst einen doppelten Vorteil. Einmal konnte man einen erheblichen Teil von Wärme aus dem Gut rückgewinnen, zum anderen verkürzte sich die Länge eines Tunnelofens oder aber die Gesamtbrennzeit eines Kammerofens recht erheblich. Die Geschwindigkeit dieser schroffen Abkühlung hat ihre Grenze lediglich darin, daß die Temperaturdifferenz zwischen Innen und Außen bei einem Stück so groß wird, daß Bruch eintritt. Nach dieser schroffen Abkühlung folgt eine Zone langsamer Abkühlung, in der sich die Temperaturunterschiede im Scherben ausgleichen, damit dann die Quarzumwandlung bei 573°C über den gesamten Scherbenquerschnitt einigermaßen gleichmäßig erfolgt und auch dabei keine unzulässigen Spannungen entstehen. Die weitere Abkühlung ist dann normal.

Nachdem das Verfahren praktisch durchgeführt wurde, stellte man noch einen dritten Vorteil beiläufig fest: Die Festigkeit des so gebrannten Steinzeugs war größer als bisher. Zweck der vorliegenden Untersuchung ist es, die Ursache dafür festzustellen.

Versuchsmaterial

Um hinsichtlich der zu untersuchenden Proben möglichst praxisnahe zu bleiben, stellten wir keine eigene Versuchsmasse zusammen, sondern ließen uns aus der Praxis von einer Betriebsmasse getrocknete Stäbe aus Steinzeugmasse mit 21 mm Breite, 11 mm Höhe und 120 mm Länge (vor dem Brand) zur Verfügung stellen. Wir hatten so die Gewähr, daß die Stäbe so einheitlich wie möglich waren.

Versuche

Außer den Stäben bekamen wir auch Brennkurven verschiedener technischer Öfen. Wir wählten für das Aufheizen bis zur Höchsttemperatur eine Brennkurve, die das Mittel dieser Brennkurven darstellte. Die Gesamtaufheizzeit betrug 20 Stunden; die Höchsttemperatur war 1300° C und wurde 6 Stunden gehalten. Von da ab wurde verschieden verfahren. Die Abkühlzeit von 1300 bis 1000° C betrug in einer Versuchsreihe ½ Stunde, in einer anderen 2½ Stunden bzw. 5 Stunden, 10 Stunden und 30 Stunden. Die Endtemperatur von 1000° C wurde deshalb gewählt, weil hier die Glasphase so zäh ist, daß mit weiteren Änderungen, sei es Kristallisation oder Beteiligung an anderen Mineralumsetzungen, nicht mehr zu rechnen ist. Von 1000° C ab verlief die Abkühlung normal und unkontrolliert, meistens über Nacht.

Für jede Abkühlgeschwindigkeit wurde ein Brand in einem elektrisch beheizten Ofen mit je zehn Stäben durchgeführt, die durch Schamottepulver voneinander getrennt waren. Von jedem Brand wurde außerdem ein Parallelversuch durchgeführt, so daß also zunächst je 20 Probestäbe zur Verfügung standen.

An diesen Stäben wurde die Biegefestigkeit bestimmt, wobei der Abstand der Auflage 10 cm betrug. Da der Bruch in der Regel in der Mitte erfolgte, blieben so 40 Stücke von nahezu 60 mm Länge übrig. Diese 40 Bruchstücke wurden nochmal auf Biegefestigkeit untersucht, wobei der Auflageabstand 50 mm betrug.

Obwohl die Außenflächen der gebrannten Stäbe verhältnismäßig glatt waren, überzeugten wir uns, ob die Oberflächenbeschaffenheit einen Einfluß auf das Ergebnis hat. Eine Reihe von Stäben wurde deshalb nachgeschliffen. Nachdem die Mittelwerte der Biegefestigkeit keine merkliche Veränderung ergaben, wurden alle übrigen Messungen an ungeschliffenen Stäben durchgeführt.

Zur Berechnung der Biegefestigkeit σ_B diente die bekannte Formel:

$$\sigma_B = \frac{P \cdot 3l}{2b \cdot h^3} \quad [kp/cm^2]$$

Darin bedeuten:

P = Bruchlast [kp]
l = Schneidenabstand [cm]
b = Breite des Stabes [cm]
h = Höhe des Stabes [cm]

Aus den untersuchten Brennproben ergaben sich folgende Werte:

Bei 10 cm Schneidenabstand:

Abkühlzeit:	½	2½	5	10	30	[Std.]
Biegefestigkeit:	194	199	179	188	192	[kp/cm²]

und

bei 5 cm Schneidenabstand:

Abkühlzeit:	½	2½	5	10	30	[Std.]
Biegefestigkeit:	244	248	228	240	246	[kp/cm²]

Man sieht zunächst, daß alle Werte der Biegefestigkeit bei 5 cm Schneidenabstand merklich höher liegen als die entsprechenden Werte bei 10 cm Schneidenabstand, trotzdem zeigen sie den gleichen Gang. Die höhere Festigkeit läßt sich wahrscheinlich dadurch erklären: Jeder Bruch erfolgt bekanntlich von einer verhältnismäßig groben Störstelle aus. (Sonst wäre die technische Festigkeit nicht so viel niedriger als die theoretische.) Die Wahrscheinlichkeit, eine grobe Fehlstelle an der maximal beanspruchten Stelle beim Biegeversuch anzutreffen, ist bei 10 cm Schneidenabstand, also einem längeren Prüfling, naturgemäß größer als bei 5 cm Schneidenabstand.

Beide Versuchsreihen zeigen ein Minimum der Biegefestigkeit mit steigender Abkühldauer zwischen 1300 und 1000° C, nämlich bei 5 Stunden. Daß die ersten Werte bei einer halben Stunde Abkühlzeit etwas niedriger liegen als bei 2½ Stunden Abkühlzeit, liegt offensichtlich daran, daß diese Abkühlung zu schroff war und Spannungen in die Prüflinge brachte, die die Festigkeit beeinträchtigten. Im ganzen gesehen folgt aber aus den Messungen, daß man das Steinzeug entweder verhältnismäßig rasch von 1300 auf 1000° C abkühlen muß oder aber sehr langsam; denn erst nach 30 Stunden Abkühldauer (1300–1000° C) werden annähernd die Festigkeiten erreicht, wie sie bei ½ oder 2½ Stunden Abkühldauer gemessen wurden.

Die vorliegenden Versuche und Messungen zeigen also zunächst, daß im Laboratoriumsmaßstab der gleiche Effekt beobachtet wurde wie in der Praxis, nämlich daß die Festigkeit ansteigt, wenn man von der Brenntemperatur aus so rasch abkühlt, wie es die Stücke eben vertragen.

Zur Aufklärung dieses Effektes wurden nun röntgenographische und mikroskopische Untersuchungen durchgeführt, im ersten Fall sowohl mit dem Zählrohr als auch durch Guinier-Aufnahmen mit Film. Daraus ergab sich, daß der Cristobalitgehalt mit größer werdender Abkühlungszeit steigt, während der Quarzgehalt abnimmt. Die mikroskopischen Untersuchungen zeigten eine starke Verglasung, Mullitkristalle und mehr oder weniger stark angegriffene Quarzkörner. Die Mullitnadellänge steigt mit der Abkühlzeit im Durchschnitt etwas an: Sie beträgt bei ½ Stunde Abkühlzeit 7–10 μ, bei 10 Stunden Abkühldauer 14–17 μ im Durchschnitt.

Aussagen an Hand eines Gleichgewichtsdiagramms zu machen, ist hier nicht möglich, weil eine Steinzeugmasse außer Alkalien, Tonerde und Kieselsäure zuviel Fremdoxyde enthält, vor allem Eisenoxyd und Kalk, daß eine Vereinfachung für ein Dreistoffsystem nicht mehr statthaft ist. Immerhin ist zu beachten, daß der hier beobachtete Gang der Festigkeit mit der Abkühldauer grundsätzlich der gleiche ist, wie er beim Elektroporzellan in einer Paralleluntersuchung gefunden wurde. Da beide Werkstoffarten sich auch darin gleichen, daß sie dicht gesintert sind und einen hohen Anteil an Glasphase haben, darf man auch für Steinzeug die für Isolatorenporzellan diskutierte Ursache zugrunde legen: Bei rascher Abkühlung von hoher Temperatur besteht das Gefüge im wesentlichen aus Glasphase, Mullit, Restquarz und sehr wenig oder gar keinem Cristobalit. Mit steigender Abkühldauer vermehrt sich die Menge an Cristobalit, was ein Absinken der Festigkeit zur Folge hat (infolge der α-β-Umwandlung des Cristobalits). Gleichzeitig nimmt aber die Menge an Glasphase ab, und dadurch verschiebt sich das Verhältnis von Menge an Glasphase zur Menge an kristallinen Anteilen zugunsten der letzteren, was ein Ansteigen der Festigkeit zur Folge hat.

Auswertung von in der Praxis gebrannten Versuchsproben

Da die Steinzeugindustrie heute zum Teil noch mit Kammeröfen, zum Teil mit Tunnelöfen arbeitet, wobei noch nicht alle Tunnelöfen auf kurze Bauweise umgebaut sind, da ferner das Steinzeug salzglasiert wird, war es interessant, festzustellen, wie groß die Biegefestigkeiten der gleichen Proben sind, die aber auf verschiedene Weise in der Praxis gebrannt wurden. Die Ergebnisse zeigt die folgende Tabelle.

	Brennart	*Biegefestigkeit*
1.	Tunnelofen, langer Ofen, 45 min Schubzeit	287 kp/cm²
2.	Tunnelofen, langer Ofen, 60 min Schubzeit	280 kp/cm²
3.	Tunnelofen, kurzer Ofen, 45 min Schubzeit	303 kp/cm²
4.	Tunnelofen, kurzer Ofen, 60 min Schubzeit	313 kp/cm²
5.	Kammerofen, ölbeheizt, Prüfkörper salzglasiert	265 kp/cm²
6.	Kammerofen, ölbeheizt, Prüfkörper vor Salzanflug geschützt	357 kp/cm²
7.	Kammerofen, kohlebeheizt, Prüfkörper salzglasiert	263 kp/cm²
8.	Kammerofen, kohlebeheizt, Prüfkörper vor Salzanflug geschützt	296 kp/cm²
9.	Kammerofen, kohlebeheizt, lange Brenn- und Abkühlzeit (chem. Ofen), Prüfkörper salzglasiert	216 kp/cm²
10.	Kammerofen, kohlebeheizt, lange Brenn- und Abkühlzeit (chem. Ofen), Prüfkörper vor Salzanflug geschützt	353 kp/cm²

Daran ist mehreres interessant:

1. Die Proben in den beiden langen Tunnelöfen (1 und 2) haben niedrigere Festigkeiten als in den kurzen Tunnelöfen (3 und 4). Das ist also eben der Effekt, um den es bei der Verkürzung des Ofens durch verstärkte Abkühlung nach der Brennzone ging.

2. Beim langen Tunnelofen (1) bringt eine Verkürzung der Schubzeit pro Wagen eine etwas bessere Biegefestigkeit als bei größerer Schubzeit wie bei Punkt 2. Auch dies liegt in Richtung des hier diskutierten Schnellkühleffektes. Im Gegensatz dazu bringt eine Verkürzung der Schubzeit bei dem an sich schon kurzen Ofen (3) eine niedrigere Festigkeit als bei der höheren Schubzeit nach Punkt 4. Dies stimmt mit unseren Versuchsergebnissen überein, bei denen gefunden wurde, daß eine zu rasche Abkühlung (½ Stunde von 1300 bis 1000° C) die Biegefestigkeit nachteilig beeinflußt. Ein kurzer Ofen und eine kurze Schubzeit ist also offensichtlich auch für den technischen Brand nachteilig.

3. Nun zu den Kammerofenbränden.

Während die Ware für den Brand im Tunnelofen mit einer Lehmglasur überzogen wird, die Prüflinge also unglasiert waren, wird die Ware im Kammerofen durch Einstreuen von Salz salzglasiert. Die Prüflinge wurden einmal mit der Ware zusammen gebrannt, erhielten also ebenfalls eine Salzglasur, zum anderen wurden sie aber vor Salzanflug geschützt. Wie man aus den Messungen an 5, 7 und 9 gegenüber 6, 8 und 10 sieht, liegen die Festigkeitswerte durch die

Salzglasur überall niedriger als bei den glasurfreien Prüfkörpern. Möglicherweise hängt dies damit zusammen, daß das verdampfende Kochsalz durch Umsetzen mit dem Wasserdampf der Flamme Na_2O gibt, das sich mit dem Scherben zu einer verhältnismäßig alkalireichen Glasur verbindet. Diese Glasur könnte dann wegen ihrer höheren Ausdehnung gegenüber dem Scherben unter Zugspannung stehen und dadurch die Festigkeit des Scherbens erniedrigen (andere Glasuren, die einen niedrigeren Ausdehnungskoeffizienten als die Scherben haben [wie z. B. Porzellanglasuren], erhöhen dagegen die Festigkeit).

4. Vergleicht man die Glasur frei gebrannter Prüfkörper nach Punkt 6, 8 und 10 mit den im Tunnelofen gebrannten Proben, so sieht man, daß die Festigkeit der im Kammerofen gebrannten Proben über denen vom Tunnelofen liegt. Da bei Punkt 10 ausdrücklich angegeben ist, daß hier für das chemische Steinzeug (große Behälter) lange Brenn- und Abkühlzeiten angewandt wurden, liegt die Vermutung nahe, daß die hohe Festigkeit der im Kammerofen gebrannten Prüfkörper dadurch bedingt ist, daß die Abkühlgeschwindigkeit hier besonders klein war. Dies ist in Übereinstimmung mit unseren Versuchsergebnissen, wonach die Festigkeit nach Durchlaufen eines Minimums wieder ansteigt. Wenn man also nur eine hohe Festigkeit erreichen will, so muß man, wie schon oben gesagt, zwischen 1300 und 1000° C entweder verhältnismäßig rasch abkühlen (etwa nach Punkt 1 oder noch besser 3 oder 4 in der Tabelle) oder aber sehr langsam.

5. Schließlich fällt auf, daß die Festigkeitswerte in obiger Tabelle alle wesentlich höher sind als die Werte, die an den im Laboratorium gebrannten Proben erhalten wurden. Dies liegt sicher daran, daß die Temperaturverteilung im technischen Ofen über die Länge der verwendeten Stäbe sehr viel gleichmäßiger ist als in einem Laboratoriumsofen.

Auch die in der obigen Tabelle genannten Proben haben wir vor allem mikroskopisch näher untersucht. Die Unterschiede sind nicht groß, doch kann man sagen, daß die in den Tunnelöfen gebrannten Proben die geringste Verglasung zeigten, diejenigen in den ölbeheizten und kohlebeheizten Kammeröfen sind etwas mehr verglast, und die Proben aus den beiden chemischen Öfen (9 und 10) enthielten vergleichsweise am meisten Glasphase. Auch dies ist eine Folge der verschieden langen Brenn- und Abkühlzeiten, die besonders bei den beiden letztgenannten Brennarten (9 und 10) besonders hervortreten.

Zusammenfassung

Im Hinblick auf den in neuerer Zeit durchgeführten Schnellbrand von Steinzeug mit einer verhältnismäßig raschen Abkühlung des Gutes von Brenntemperatur bis etwa 900° C wurden systematische Versuche mit einer technischen Steinzeugmasse durchgeführt, von der Stäbe in gleicher Weise aufgeheizt, bei der höchsten Brenntemperatur gehalten, aber dann verschieden schnell abgekühlt wurden. Es ergab sich, daß die Biegefestigkeit in Abhängigkeit von der Abkühlgeschwindigkeit ein Minimum durchläuft: Bei relativ hoher Abkühlgeschwindigkeit (Abkühldauer von 1300 bis 1000° C $\frac{1}{2}$ Stunde bzw. $2\frac{1}{2}$ Stunden) war die Festigkeit höher als bei mittlerer Geschwindigkeit (Dauer 5 Stunden), sie stieg aber wieder an bei noch geringerer Geschwindigkeit (Dauer 10 Stunden bzw. 30 Stunden). Daraus folgt, daß man zur Erzielung einer möglichst hohen mechanischen Festigkeit das Steinzeug nach dem Brand entweder verhältnismäßig rasch abkühlen muß oder aber sehr langsam; ein Mittelding ist ungünstig. Die rasche Abkühlung erhält man beim verkürzten Tunnelofen, bei dem der Ware nach dem Brand durch in den Ofen eingebaute Kühlschlangen Wärme entzogen wird; zu einer langsamen Abkühlung ist man gezwungen bei sehr großen Behältern, die für die chemische Industrie gebraucht werden.

Auf Grund röntgenographischer und mikroskopischer Untersuchungen ergibt sich folgende Erklärung: Bei rascher Abkühlung entsteht praktisch kein Cristobalit. Je langsamer das Steinzeug abgekühlt wird, um so mehr Cristobalit, aber auch Mullit entsteht, während die Menge an Glasphase geringer wird. Cristobalit ist für die Festigkeit nachteilig wegen seiner α-β-Umwandlung. Sein Einfluß macht sich aber nur anfangs bemerkbar, weil er später, d. h. bei längeren Abkühlungszeiten, durch die steigende Kristallbildung und Verfilzung des Gefüges bei entsprechender Abnahme an Glasphase überkompensiert wird.

Die Untersuchungen wurden ergänzt durch Proben, die nicht im Laboratorium, sondern in verschiedenen technischen Öfen gebrannt worden waren. Darunter befanden sich ein kurzer Tunnelofen, ein langer Tunnelofen und verschiedene Kammeröfen. Die Festigkeitswerte der so erhaltenen Proben waren sehr unterschiedlich, fügten sich aber in das aus den Laborversuchen gewonnene Bild widerspruchsfrei ein.

Prof. Dr. Adolf Dietzel

Gefügeaufbau des Scherbens von Isolatorenporzellan

Vom üblichen Hartporzellan (Geschirr-, Zierporzellan) unterscheidet sich das Isolatorenporzellan zunächst in seiner Zusammensetzung. Während das klassische Seger-Porzellan aus 50% Kaolin, 25% Feldspat und 25% Quarz besteht, enthält ein Isolatorenporzellan mit Rücksicht auf die elektrischen Eigenschaften einen geringeren Anteil des Alkaliträgers Feldspat, dafür wegen der mechanischen Festigkeit mehr Quarz (bis 40%) und weniger Tonminerale (um 40%). Während die letzteren beim klassischen Porzellan nur durch Kaolin in den Versatz kommen, nimmt man beim Isolatorenporzellan auch etwas fetten Ton, um die Plastizität bei der z. T. komplizierten Formgebung zu verbessern, zumal die Weiße hier nicht so entscheidend ist wie beim Geschirr- oder Zierporzellan.
Trotz dieser Änderungen besteht auch das Isolatorenporzellan, chemisch gesehen, praktisch nur aus SiO_2, Al_2O_3 und K_2O und demzufolge in Übereinstimmung mit dem üblichen Porzellan aus den Gefügebestandteilen Mullit, Glasphase und nicht umgesetzten Restquarz. Ferner müssen noch zwei Gefügebestandteile genannt werden: einmal die gerade beim Elektroporzellan störenden (geschlossenen) Poren (wegen der Durchschlagsfestigkeit) und, wie sich zeigte (s. w. u.), Cristobalit, der sich bei der Abkühlung bilden kann, aber im klassischen Porzellan nicht merklich auftritt.
Ein weiterer Unterschied zum klassischen Porzellan besteht in der Brenntemperatur. Während dieses bei 1400–1450° C gebrannt wird, liegen die Temperaturen für Isolatorenporzellan bei 1300–1350° C. Dies liegt nicht an der anderen Zusammensetzung; im Gegenteil, das flußspatärmere Isolatorenporzellan müßte höher gebrannt werden, um es zum gleichen Aussehen zu bringen. Der Grund liegt vielmehr darin, daß man durch den Brand den Scherben verdichten will, ohne aber wie beim klassischen Porzellan zusätzlich noch eine hohe Transparenz anzustreben, die nur durch eine starke Verglasung des Scherbens (65% Glasphase!) zu erreichen ist. Bei einem großen Isolator würde dies zur Deformation führen. Die tiefere Brenntemperatur hat zur Folge, daß sich weniger Quarz auflöst, dafür aber die Möglichkeit zur Cristobalitbildung steigt.
Insgesamt unterscheidet sich also – was die folgenden Versuche bestätigten – der Gefügeaufbau von Isolatorenporzellan (von Cristobalit abgesehen) qualitativ nicht von dem des klassischen Porzellans, das im einzelnen von A. Dietzel und N. Padurow [Ber. Dtsch. Keram. Ges. 31 (1954), 7] untersucht wurde. Quantitativ betrachtet, hat das Isolatorenporzellan aber mehr Mullit und Quarz, weniger Glasphase und Poren. Die vorliegende Untersuchung über den Gefügeaufbau zielte deshalb nicht nur auf die Feststellung der Gefügebestandteile ab, sondern auf ihre charakteristische Änderung bei verschiedener Abkühlgeschwindigkeit und den Zusammenhang mit der Festigkeit als der neben den elektrischen Daten wichtigsten Eigenschaft.

Versuchsdurchführung

Der Versatz bestand aus:

31,5% Zettlitzer Kaolin
10,5% Klingenberger Ton
18,0% Skandinavischer Feldspat
40,0% Quarzmehl

Die Siebanalyse für Feldspat und die Sedimentationsanalyse von Quarzmehl lauten:

Feldspat		Quarzmehl	
[mm]	[%]	[μ]	[%]
über 0,15	1,0	über 25	Spur
0,10 -0,15	5,5	10 -25	20,0
0,075-0,10	33,8	5 -10	22,3
0,06 -0,075	40,9	2,5- 5	22,4
unter 0,06	18,8	1,0- 2,5	21,6
		unter 1,0	13,7

Diese bereits gemahlenen Rohstoffe wurden verwendet, um Schwankungen in der Kornverteilung durch einen eigenen Mahlprozeß zu vermeiden. So war es nur notwendig, die obigen Rohstoffe trocken gut zu mischen und sie durch Wasserzugabe zu einem gießbaren Schlicker anzumachen, wobei die Mischung vervollständigt wurde. Aus diesem Schlicker wurden in einer Gipsform Stäbe von $17 \times 17 \times 100$ mm gegossen. Dieses Verfahren liefert homogenere Prüflinge als die Handeinformung einer plastischen Masse. Die Stäbe wurden getrocknet und bei 1300° C gebrannt. Die Aufheizzeit betrug in Anlehnung an den technischen Brand 20 Stunden (wir benutzten die Brennkurve eines technischen Ofens), die Höchsttemperatur wurde 6 Stunden lang gehalten. Der besseren Regulierungsmöglichkeit wegen verwendeten wir dazu einen elektrischen Ofen.
Anschließend wurden die Proben verschieden langsam auf 1000° C abgekühlt, und zwar in ½ Stunde, 2½, 5 und 10 Stunden. Von da ab kühlten die Proben unkontrolliert im Ofen, meist über Nacht, ab, in jedem Fall aber so langsam, daß nicht etwa Kühlspannungen entstehen konnten. Die Temperatur von 1000° C wurde deshalb gewählt, weil dicht darunter das ternäre Eutektikum im System K_2O—Al_2O_3—SiO_2 liegt und hier die Zähigkeit der Glasphase so groß ist [nach Messungen von R. Brückner 10^{12} Poise; A. Dietzel, Ber. Dtsch. Keram. Ges. 36 (1959), 301–304], daß keine Gefügeänderungen mehr zu erwarten sind.
An den kalten Stäben wurde die Wasseraufnahme bestimmt. Folgende Werte wurden erhalten:

	Abkühlungsdauer bis 1000° C			
	½	2½	5	10 [Std.]
Brenntemperatur 1300° C	0,28	0,22	0,12	0,0 [%]

Biegefestigkeit

Die so gebrannten Stäbe wurden auf ihre Biegefestigkeit geprüft, wobei der Schneidenabstand 100 mm betrug. Jeweils zehn gleichartige Stäbe wurden geprüft, um einen genügend sicheren Mittelwert zu bekommen. Die maximale Abweichung betrug 6%. Die Ergebnisse waren folgende:

Abkühldauer:	½	2½	5	10 [Std.]
Biegefestigkeit:	384	400	382	427 [kp/cm²]

Diese Zahlen erscheinen auf den ersten Blick verwirrend, und man könnte glauben, daß es sich lediglich um Meßungenauigkeiten handle; dem widerspricht aber, daß auch eine bei 1340° C gebrannte Versuchsserie bei verschiedener Abkühldauer einen analogen Gang der Bruchfestigkeit hatte (nur lagen alle Werte unter denen der 1300° C-Proben), und das gleiche gilt für eine Untersuchung an Steinzeug. Der Verlauf ist also reell. Beginnen wir mit der Festigkeit bei ½stündiger Abkühlung. Sie ist gegenüber der folgenden niedrig, wohl deshalb, weil diese Abkühlung zu rasch war und durch den Temperaturunterschied zwischen innen und außen Spannungen in den Stäben erzeugte, die die Festigkeit erniedrigten. Läßt man diesen ersten Wert beiseite, so durchläuft die Festigkeit ein Minimum bei steigender Abkühldauer, nämlich bei 5 Stunden (1300–1000° C). Um die Ursache dafür zu finden, wurden röntgenographische, mikroskopische und dilatometrische Untersuchungen durchgeführt.

An den Dilatometerkurven (Abb. 1) erkennt man außer der durch die Quarzumwandlung bedingten Anomalie um 570° C eine Vergrößerung der Ausdehnung mit steigender Abkühlungsdauer. Eine Cristobalitumwandlung ist auf der Ausdehnungskurve nur bei 10 Stunden Abkühlung schwach und verschmiert zu erkennen, ein Zeichen, daß der gebildete Cristobalit sehr feinkörnig und sein

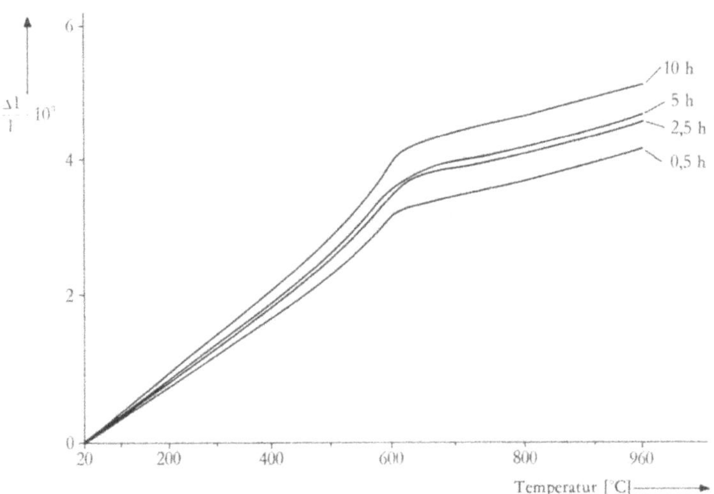

Abb. 1 Thermische Ausdehnung von Elektroporzellan

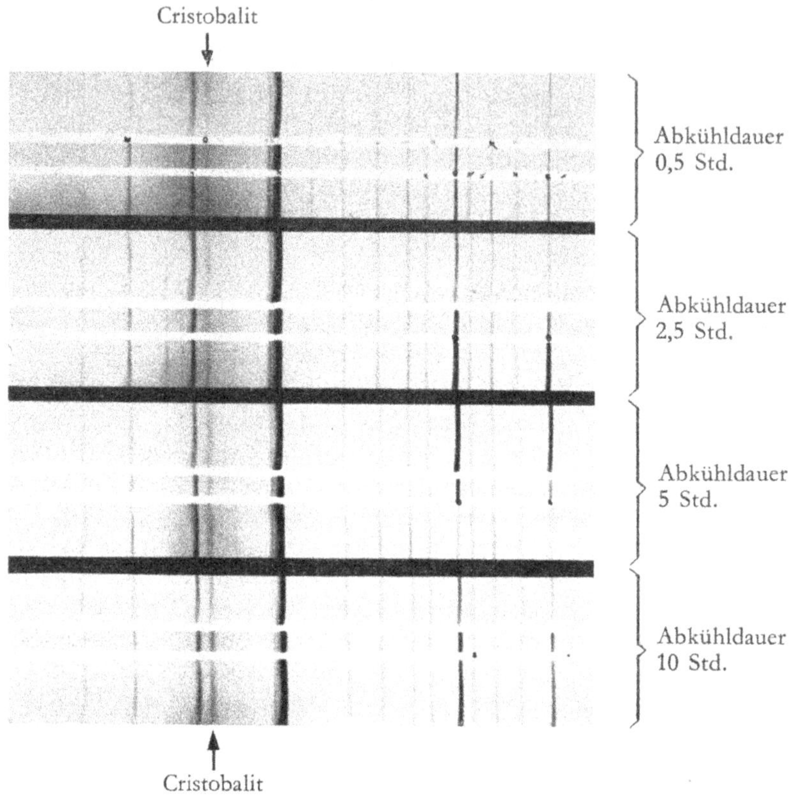

Abb. 2 Ausbildung von Cristobalit in Abhängigkeit von der Abkühldauer

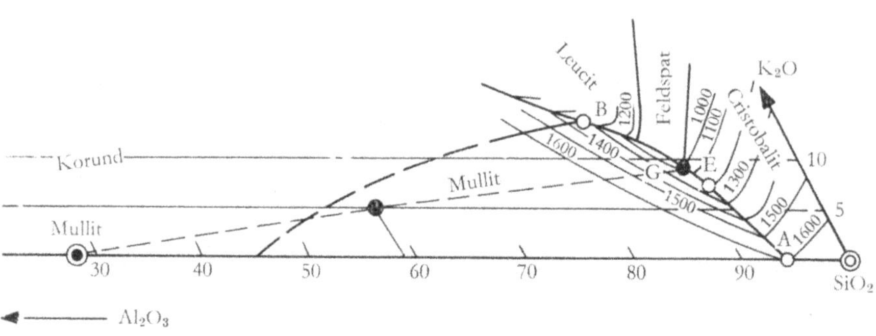

Abb. 3 Dreistoffsystem SiO_2—Al_2O_3—K_2O

Gitter gestört ist. Dies bestätigen die röntgenographischen und mikroskopischen Untersuchungen. Die Abb. 2a–d zeigen Ausschnitte aus den Guinier-Diagrammen mit der stärksten Cristobalitlinie. Diese wird von ½ Stunde Abkühlungsdauer bis 10 Stunden zusehends intensiver, aber sie ist und bleibt (z. B. im Vergleich mit benachbarten Quarzlinien) diffus. Mikroskopisch ist der Cristobalit wegen seiner Feinheit kaum zu erkennen. Die verschiedenen Proben (½ Stunde, 2½ 5 und 10 Stunden Abkühldauer, Brenntemperatur 1300° C) zeigen unter dem Mikroskop eine sehr große Ähnlichkeit. Kleine Unterschiede finden sich höchstens bei dem Mullit, und zwar sind die Feldspatkörner vollkommen verglast und enthalten zahlreiche Mullitnadeln, deren Größe mit der Abkühldauer zunimmt. Sie sind durch Reaktion mit der umgebenden Tonsubstanz entstanden. Bei allen Proben wurden an stärker verglasten Stellen gelegentlich Poren gefunden.

Die Vorgänge, die sich bei langsamer Abkühlung abspielen, seien nun noch an Hand des Dreistoffsystems K_2O—Al_2O_3—SiO_2 diskutiert. Der entsprechende Ausschnitt ist in Abb. 3 wiedergegeben.

Die gewählte Porzellanzusammensetzung lautet in Oxydprozenten:

66% SiO_2
30% Al_2O_3
4% K_2O

Im Versatz sind 40% Quarz enthalten. Nach den Untersuchungen von A. Dietzel und N. Padurow (s. oben) ist bei 25% Quarzsand im Porzellan bei 1400° C in 1 Stunde mit einer Löslichkeit von 2 bis 3% zu rechnen. Etwa das gleiche wird auch für 1300° C, aber 6 Stunden gelten. Bei 40% Quarz wird die gelöste Menge also 4–5% betragen. Die restlichen 35% Quarz des Versatzes beteiligen sich nicht an den chemischen Reaktionen, sondern nur der Rest von

67 Kaolin + Ton,
18 Feldspat,
5 Quarz.

Dies entspricht einer oxydischen Zusammensetzung von

54% SiO_2,
41% Al_2O_3,
5% K_2O,

die in Abb. 3 eingetragen ist. Man sieht, daß dann bei 1300° C nur 49% Mullit und 51% Glasphase im Gleichgewicht sind.

Bei der Abkühlung verschiebt sich die Zusammensetzung der Glasphase G auf das ternäre Eutektikum E zu, wo bei genügend langer Zeit nur Mullit, Cristobalit (bzw. Tridymit) und Feldspat existent sein sollten, während die Glasphase verschwinden müßte. Nun kristallisiert aber Feldspat außerordentlich schwer und bei so niederen Temperaturen überhaupt nicht. Die Glasphase verschwindet also nicht, wohl bildet sich Cristobalit, und die Menge an Mullit nimmt zu. Dies ist mit den anderen Beobachtungen vereinbar und erklärt auch das Minimum in der Festigkeit.

Ein Minimum (oder Maximum) ist immer durch das Entgegenwirken zweier Einflüsse bedingt. Im vorliegenden Falle ist die Bildung von Cristobalit festigkeitsmindernd; erhöhend wirkt dagegen die zusätzliche Ausscheidung von Mullit in der Glasphase und die Abnahme der Menge an Glasphase. Nach K. Schüller [Ber. Dtsch. Keram. Ges. 39 (1962), 286] kann Quarz im Porzellan festigkeitserhöhend oder erniedrigend wirken, je nach seiner Menge im Verhältnis zu der der

Glasphase: Ist wenig Quarz von viel Glas umgeben, so bilden sich im Glas um jedes Quarzkorn tangential Druck-, aber radial starke Zugspannungen aus; letztere sind festigkeitsmindernd. Ist dagegen viel Quarz vorhanden und jedes Korn von nur wenig Glas umgeben, so sind die radialen Zugspannungen wesentlich geringer. So kann man sich auch im vorliegenden Fall den Verlauf der Festigkeit erklären: Solange wenig Cristobalit vorhanden ist, bilden sich um jedes Cristobalitkörnchen (nach seiner α-β-Umwandlung) radiale Zugspannungen aus, die geringer werden, wenn die Menge an Cristobalit zunimmt.

Zusammenfassung

Aus einem Isolatorenporzellanversatz (31,5% Kaolin, 10,5% Klingenberger Ton, 18% Feldspat und 40% Quarzmehl) wurden Stäbe geformt, bei 1300° C gebrannt und verschieden langsam bis 1000° C, von da ab gleichmäßig abgekühlt. An den Stäben wurden neben einigen anderen Eigenschaften vor allem die Biegefestigkeit bestimmt. Es ergab sich, daß mit steigender Abkühldauer die Festigkeit ein Minimum durchläuft. Dieses wird aus dem Gefügeaufbau der Scherben zu deuten versucht.
Praktisch ergibt sich daraus, daß im technischen Ofen die Abkühlung im Bereich bis 1000° C möglichst langsam erfolgen sollte.

Prof. Dr. Adolf Dietzel

Die keramischen Versuche hat Herr Keram.-Ing. H. Wagner,
die Röntgenuntersuchungen Herr Professor Dr. H. Saalfeld durchgeführt.

FORSCHUNGSBERICHTE DES LANDES NORDRHEIN-WESTFALEN

Herausgegeben im Auftrage des Ministerpräsidenten Dr. Franz Meyers von Staatssekretär Prof. Dr. h. c. Dr.-Ing. E. h. Leo Brandt

BAU · STEINE · ERDEN

HEFT 36
Forschungsinstitut der Feuerfest-Industrie, Bonn
Untersuchungen über die Trocknung von Rohton. Untersuchungen über die chemische Reinigung von Silika- und Schamotte-Rohstoffen mit chlorhaltigen Gasen
1953. 51 Seiten, 5 Abb., 5 Tabellen. DM 11,—

HEFT 37
Forschungsinstitut für Feuerfest-Industrie, Bonn
Untersuchungen über den Einfluß der Probenvorbereitung auf die Kaltdruckfestigkeit feuerfester Steine. Untersuchungen über die Abnutzung von Strangpressen-Messern bei der Verarbeitung plastischer Schamotte-Massen
1953. 33 Seiten, 2 Abb., 5 Tabellen. DM 7,80

HEFT 59
Forschungsinstitut für Feuerfest-Industrie, Bonn
Ein Schnellanalysenverfahren zur Bestimmung von Aluminiumoxyd, Eisenoxyd und Titanoxyd in feuerfestem Material mittels organischer Farbreagenzien auf photometrischem Wege.
Untersuchungen des Alkali-Gehaltes feuerfester Stoffe mit dem Flammenphotometer nach Riehm-Lange
1954. 52 Seiten, 12 Abb., 3 Tabellen. Vergriffen

HEFT 76
Max-Planck-Institut für Arbeitsphysiologie, Dortmund
Arbeitstechnische und arbeitsphysiologische Rationalisierung von Mauersteinen
1954. 41 Seiten, 12 Abb., 3 Tabellen. DM 10,20

HEFT 81
Prüf- und Forschungsinstitut für Ziegeleierzeugnisse, Essen-Kray
Die Einführung des großformatigen Einheits-Gitterziegels im Lande Nordrhein-Westfalen
1954. 54 Seiten, 2 Abb., 2 Tabellen, 7 Seiten Anhang. DM 10,—

HEFT 90
Forschungsinstitut der Feuerfest-Industrie, Bonn
Das Verhalten von Silikasteinen im Siemens-Martin-Ofengewölbe
1954. 49 Seiten, 15 Abb., 11 Tabellen. DM 11,90

HEFT 91
Forschungsinstitut der Feuerfest-Industrie, Bonn
Untersuchungen des Zusammenhangs zwischen Leistung und Kohlenverbrauch von Kammer-Öfen zum Brennen von feuerfesten Materialien
1954. 29 Seiten, 6 Abb. DM 8,30

HEFT 106
Oberregierungsrat Dr.-Ing. W. Küch, Dortmund
Untersuchungen über die Einwirkung von feuchtigkeitsgesättigter Luft auf die Festigkeit von Leimverbindungen
1954. 64 Seiten, 10 Abb., 6 Tabellen. DM 11,40

HEFT 111
Fachverband Steinzeugindustrie, Köln
Die Entwicklung eines Gerätes zur Beschickung seitlicher Feuer von Steinzeug-Einzelkammeröfen mit festen Brennstoffen
1955. 31 Seiten, 16 Abb. DM 9,40

HEFT 127
Güteschutz Betonstein e. V., Arbeitskreis Nordrhein-Westfalen, Dortmund
Die Betonwaren-Gütesicherung im Lande Nordrhein-Westfalen
1954. 44 Seiten, 15 Abb., 3 Tabellen. DM 11,50

HEFT 142
Dipl.-Ing. G. M. F. Wiebel, Hannover, A. Konermann und A. Ottenheym, Sennelager
Entwicklung eines Kalksandleichtsteines
1955. 21 Seiten, 4 Abb. DM 8,—

HEFT 149
Dr.-Ing. Kamillo Konopicky und
Dipl.-Chem. P. Kampa, Bonn
I. Beitrag zur flammenphotometrischen Bestimmung des Calciums
Dr.-Ing. Kamillo Konopicky, Bonn
II. Die Wanderung von Schlackenbestandteilen in feuerfesten Baustoffen
1955. 37 Seiten, 10 Abb., 5 Tabellen. DM 11,—

HEFT 180
Dr.-Ing. Werner Piepenburg,
Dipl.-Ing. Bodo Bühling und Bau-Ing. Johannes Behnke, Köln
Putzarbeiten im Hochbau und Versuche mit aktiviertem Mörtel und mechanischem Mörtelauftrag
1955. 103 Seiten, 31 Abb., 68 Tabellen. DM 23,—

HEFT 213
Dipl.-Ing. K. F. Rittinghaus, Institut für elektrische Nachrichtentechnik der Rhein.-Westf. Technischen Hochschule Aachen
Zusammenstellung eines Meßwagens für Bau- und Raumakustik
1957. 87 Seiten, 17 Abb., 7 Tabellen. DM 19,80

HEFT 223
Dr.-Ing. Kurt Alberti und
Dr. phil. habil. Franz Schwarz, Forschungslaboratorium des Bundesverbandes der Deutschen Kalkindustrie e. V., Köln
Über das Problem Hartbrand-Weichbrand
1956. 43 Seiten, 25 Abb., 14 Tabellen. DM 12,10

HEFT 231
Oberregierungsrat Dr.-Ing. W. Küch, Deutsche Gesellschaft für Holzforschung e. V., Stuttgart
Über die Wechselwirkung zwischen Holzschutzbehandlung und Verleimung
1956. 38 Seiten, 10 Abb., 8 Tabellen. DM 10,40

HEFT 250
Dozent Dr. phil. habil. Franz Schwarz und
Dr.-Ing. Kurt Alberti, Forschungslaboratorium des Bundesverbandes der Deutschen Kalkindustrie e. V., Köln
Entwicklung von Untersuchungsverfahren zur Gütebeurteilung von Industriekalken
1956. 23 Seiten, 9 Abb., 4 Tabellen. DM 16,50

HEFT 266
Fliesen-Beratungsstelle Bad Godesberg-Mehlem
Güteeigenschaften keramischer Wand- und Bodenfliesen und deren Prüfmethoden
1956. 21 Seiten. DM 7,10

HEFT 319
Prof. Dr. phil. Carl Kröger, Institut für Brennstoffchemie der Rhein.-Westf. Technischen Hochschule Aachen
Gemengereaktionen und Glasschmelze
1956. 109 Seiten, 53 Abb., 16 Tabellen. DM 26,—

HEFT 370
Dozent Dr. phil. habil. Franz Schwarz, Köln
Physikochemische Grundlagen der Bildsamkeit von Kalken unter Einbeziehung des Begriffes der aktiven Oberfläche
1958. 90 Seiten, 14 Abb., 16 Tabellen, 36 Titrationen. DM 25,10

HEFT 398
Prof. Dr. phil. nat. habil. Hans-Ernst Schwiete und
Dipl.-Ing. Günter Geisdorf, Aachen
Einlagerungsversuche an synthetischem Mullit Teil I
Prof. Dr. phil. nat. habil. Hans-Ernst Schwiete
Master of Sience Arun Kumar Bose und
Dr. phil Hermann Müller-Hesse, Aachen
Die Zusammensetzung der Schmelzphase in Schamottesteinen Teil I
1957. 45 Seiten, 17 Abb., 17 Tabellen. DM 14,50

HEFT 399
Prof. Dr. phil. nat. habil. Hans-Ernst Schwiete und
Dr.-Ing. Reinhard Vinkeloe, Aachen
Möglichkeiten der quantitativen Mineralanalyse mit dem Zählrohrgerät unter besonderer Berücksichtigung der Mineralgehaltsbestimmung von Tonen
1958. 88 Seiten, 34 Abb., 1 Tabelle. DM 26,70

HEFT 402
Prof. Dr. Werner Linke, Aachen
Die Wärmeübertragung durch Thermopane-Fenster
1958. 29 Seiten, 17 Abb., 2 Tabellen. DM 10,80

HEFT 430
Prof. Dr. Georg Garbotz und Dr.-Ing. Gerhard Dress, Institut für Baumaschinen und Bauarbeiten der Rhein.-Westf. Technischen Hochschule Aachen
Untersuchungen über das Kräftespiel an Flachbagger-Schneidwerkzeugen in Mittelsand und schwach bindigem, sandigem Schluff unter besonderer Berücksichtigung der Planierschilde und ebenen Schürfkübelschneiden
1958. 142 Seiten, 81 Abb. DM 37,50

HEFT 453
Forschungsinstitut der Feuerfest-Industrie, Bonn
Die Arbeiten der technisch-wissenschaftlichen Kommission der PRE (Vereinigung der europäischen Feuerfest-Industrie)
1957. 50 Seiten, 2 Abb., 18 Tabellen. DM 14,75

HEFT 454
Dr.-Ing. Werner Piepenburg, Dipl.-Ing. Bodo Bühling und Bau-Ing. Johannes Behnke, Forschungslaboratorium des Bundesverbandes der Deutschen Kalkindustrie e. V., Köln
Haftfestigkeit der Putzmörtel
1958. 115 Seiten, 6 Abb., 63 Tabellen. DM 28,30

HEFT 482
Dipl.-Ing. Rudolf Pels-Leusden und
Dr. Karl Bergmann, Prüf-Forschungsinstitut für Ziegelerzeugnisse e. V., Essen-Kray
Die Frostbeständigkeit von Ziegeln; Einflüsse der Materialzusammensetzung und des Brandes
1958. 70 Seiten, 31 Abb., 5 Tabellen. DM 20,45

HEFT 484
Prof. Dr. phil. nat. habil. Hans-Ernst Schwiete und
Dr. Gisela Franzen, Institut für Gesteinshüttenkunde der Rhein.-Westf. Technischen Hochschule Aachen
Beitrag zur Struktur des Montmorillonit
1958. 74 Seiten, 23 Abb. DM 22,—

HEFT 488
Prof. Dr. phil. nat. habil. Hans-Ernst Schwiete und
Dipl.-Chem. Heribert Westmark, Institut für Gesteinshüttenkunde der Rhein.-Westf. Technischen Hochschule Aachen
Beitrag zur Kennzeichnung der Texturen von Schamottesteinen
1958. 48 Seiten, 32 Abb., 7 Tabellen. DM 16,80

HEFT 528
Dipl.-Chem. Dr. Paul Ney, Forschungslaboratorium des Bundesverbandes der Deutschen Kalkindustrie e. V., Köln
Physikochemische Grundlagen der Bildsamkeit von Kalken unter Einbeziehung des Begriffs der aktiven Oberfläche
1958. 80 Seiten, 30 Abb., 6 Tabellen. DM 26,75

HEFT 543
Prof. Dr. phil. nat. habil. Hans-Ernst Schwiete,
Dr. phil. Hermann Müller-Hesse und
Dipl.-Ing. Günter Gelsdorf, Institut für Gesteinshüttenkunde der Rhein.-Westf. Technischen Hochschule Aachen
Einlagerungsversuche an synthetischem Mullit Teil II
1958. 28 Seiten, 5 Abb., 10 Tabellen. DM 10,—

HEFT 544
Prof. Dr. phil. nat. habil. Hans-Ernst Schwiete,
Dr.-Ing. Arun Kumar Bose und
Dr. phil. Hermann Müller-Hesse, Institut für Gesteinshüttenkunde der Rhein.-Westf. Technischen Hochschule Aachen
Die Schmelzphase in Schamottesteinen. Teil II
1958. 30 Seiten, 9 Abb., 12 Tabellen. DM 11,—

HEFT 545
Prof. Dr. phil. nat. habil. Hans-Ernst Schwiete,
Dr. rer. nat. Günther Ziegler und
Dipl.-Ing. Christoph Kliesch, Institut für Gesteinshüttenkunde der Rhein.-Westf. Technischen Hochschule Aachen
Thermochemische Untersuchungen über die Dehydration des Montmorillonits
1958. 48 Seiten, 16 Abb., 4 Tabellen. DM 15,40

HEFT 553
Prof. Dr. Georg Garbotz und
Dipl.-Ing. Josef Theiner, Institut für Gesteinshüttenkunde der Rhein.-Westf. Technischen Hochschule Aachen
Untersuchungen der statischen Walzverdichtungsvorgänge mit Glattwalzen und Vergleiche mit Ergebnissen aus Versuchen mit dynamischen Verdichtungsgeräten
1959. 286 Seiten, 208 Abb. DM 58,—

HEFT 559
Prof. Dr. phil. nat. habil. Hans-Ernst Schwiete und
Dipl.-Chem. Rainer Gauglitz, Institut für Gesteinshüttenkunde der Rhein.-Westf. Technischen Hochschule Aachen
Die Verflüssigung von Montmorillonitschlämmen
1958. 65 Seiten, 15 Abb., 5 Tabellen. DM 19,30

HEFT 634
Prüf- und Forschungsinstitut für Ziegeleierzeugnisse e. V., Essen-Kray
Verminderung der Streuungen der Masse, der Festigkeit und der Sprödigkeit von Ziegeln
1958. 93 Seiten, 36 Abb., 18 Tabellen. DM 24,30

HEFT 643
Max-Planck-Institut für Silikatforschung, Würzburg
Anisotropiemessungen an Schleifkörpern
1958. 38 Seiten, 22 Abb. DM 11,70

HEFT 651
Dr.-Ing. Albrecht Eisenberg, Staatliches Materialprüfungsamt Nordrhein-Westfalen Dortmund
Versuche zur Körperschalldämmung in Gebäuden
1958. 26 Seiten, 20 Abb. DM 8,10

HEFT 688
Prof. Dr. phil. nat. habil. Hans-Ernst Schwiete und
Dipl.-Ing. Arnulf Schüffler, Institut für Gesteinshüttenkunde der Rhein.-Westf. Technischen Hochschule Aachen
Entwicklung einer elektrisch beheizten Apparatur zur Messung von Wärmeleitfähigkeiten feuerfester Materialien bei hohen Temperaturen
1959. 41 Seiten, 16 Abb. DM 11,60

HEFT 689
Prof. Dr. phil. nat. habil. Hans-Ernst Schwiete und
Dipl.-Chem. Heribert Westmark, Institut für Gesteinshüttenkunde der Rhein.-Westf. Technischen Hochschule Aachen
Die Wärmeleitfähigkeit feuerfester Steine im Spiegel der Literatur
1949. 54 Seiten, 35 Abb. DM 16,30

HEFT 695
Dr.-Ing. Walter Herding, München
Die Fahrdynamik und das Arbeitsspiel gleisloser Erdbaugeräte als Kalkulationsgrundlage für die Bodenförderung und ihre Kosten
1960. 178 Seiten, 89 Abb., 18 Tabellen. DM 49,—

HEFT 711
Dr.-Ing. Kurt Alberti, Forschungslaboratorium des Bundesverbandes der Deutschen Kalkindustrie e.V., Köln
Einfluß der chemischen Zusammensetzung des Anmachewassers auf die Festigkeit von Kalkmörteln
1959. 50 Seiten, 4 Abb., 20 Tabellen. DM 13,10

HEFT 713
Dr.-Ing. Ernst Menzenbach, Institut für Verkehrswasserbau, Grundbau und Bodenmechanik der Rhein.-Westf. Technischen Hochschule Aachen
Die Anwendbarkeit von Sonden zur Prüfung der Festigkeitseigenschaften des Baugrundes
1959. 215 Seiten, 190 Abb., 24 Tabellen. Vergriffen

HEFT 734
Institut für Bauforschung e.V., Hannover
Arbeitstechnische und arbeitsphysiologische Untersuchungen zur Erleichterung der Maurerarbeit
1959. 55 Seiten, 15 Abb., 7 Anlagen, 20 Tabellen. DM 15,60

HEFT 843
Dipl.-Chem. Wolfgang Schmidt, Dipl.-Chem. Emil Köhler und Dipl.-Ing. Wilhelm Schmidt, Forschungsinstitut der Feuerfest-Industrie, Bonn
Flammenspektrometrische Alkalibestimmung im Korund
1960. 13 Seiten, 2 Abb., 1 Tabelle. DM 5,50

HEFT 844
Prof. Dr.-Ing. Otto Kienzle und Dipl.-Ing. Klaus Greiner, Hannoversches Forschungsinstitut für Fertigungsfragen e.V., Technische Hochschule Hannover
Festigkeitsuntersuchungen an Klebverbindungen zwischen Schleif- und Tragkörpern
1960. 125 Seiten, 48 Abb., 10 Tabellen, 20 Anlagen. DM 35,—

HEFT 859
Prof. Dr. phil. nat. habil. Hans-Ernst Schwiete und Dr.-Ing. Rolf Baur, Aachen
Hydrothermalsynthese und Strukturuntersuchung an synthetischem Montmorillonit
1960. 104 Seiten, 44 Abb., 29 Tabellen. DM 28,70

HEFT 903
Prof. Dr.-Ing. Bernhard Renfert †, Baurat Dipl.-Ing. Karl Heisig und Dipl.-Ing. Josef Thelen, Lehrstuhl für Straßenbau, Erd- und Tunnelbau der Rhein.-Westf. Technischen Hochschule Aachen
Untersuchungen über Bodenverfestigung des Untergrunds zur Feststellung der technischen und wirtschaftlichen Auswirkungen auf den Unterbau bzw. auf die Straßenbetonfahrbahnplatten sowie Untersuchungen flexibler Deckenkonstruktionen auf verschiedenen Unterbauarten
1960. 136 Seiten, 62 Abb., 15 Anlagen, 10 Tabellen. DM 39,10

HEFT 910
Prof. Dr.-Ing. habil. Kurt Walz, Forschungsinstitut der Zementindustrie, Düsseldorf
Der Einfluß einer Wärmebehandlung auf die Festigkeit von Beton aus verschiedenen Zementen
1960. 39 Seiten, 17 Abb., 5 Tabellen. DM 12,60

HEFT 921
Dr.-Ing. Kamillo Konopicky und cand. phys. Karl Wohlleben, Forschungsinstitut der Feuerfest-Industrie, Bonn
Untersuchungen zum Gang des Torsionsmoduls mit der Temperatur an Wannensteinen
1960. 23 Seiten, 10 Abb., 4 Tabellen. DM 8,40

HEFT 948
Prof. Dr. phil. nat. habil. Hans-Ernst Schwiete und Dipl.-Ing. Udo Ludwig, Institut für Gesteinshüttenkunde der Rhein.-Westf. Technischen Hochschule Aachen
Der Tuff, seine Entstehung und Konstitution und seine Verwendung im Baugewerbe im Spiegel der Literatur
1961. 68 Seiten, 8 Abb., 20 Tabellen. DM 18,80

HEFT 956
Prof. Dr. phil. nat. habil. Hans-Ernst Schwiete, Dipl.-Ing. Udo Ludwig und Dipl.-Ing. Karl-Heinz Wigger, Institut für Gesteinshüttenkunde der Rhein.-Westf. Technischen Hochschule Aachen
Die Konstitution einiger rheinischer und bayrischer Trasse
1961. 44 Seiten, 17 Abb., 14 Tabellen. DM 13,40

HEFT 977
Dr.-Ing. Gottfried Kronenberger, Institut für Baumaschinen und Baubetrieb der Rhein.-Westf. Technischen Hochschule Aachen
Untersuchungen über die Verdichtungswirkung und das Arbeitsverhalten eines Einmassenrüttlers auf Schotter und Kiessand zur Ermittlung der maßgeblichen Einflußgrößen bei der Rüttelverdichtung
1961. 96 Seiten, 36 Abb., 17 Tafeln, 7 Tabellen. DM 27,70

HEFT 978
Prof. Dr. phil. nat, habil. Hans-Ernst Schwiete und Dipl.-Ing. Udo Ludwig, Institut für Gesteinshüttenkunde der Rhein.-Westf. Technischen Hochschule Aachen
Das Verhalten von rheinischem und bayrischem Traß in hydraulischen Bindemitteln
1961. 82 Seiten, 27 Abb., 25 Tabellen. DM 24,70

HEFT 979
Prof. Dr. phil. nat. habil. Hans-Ernst Schwiete und Dipl.-Ing. Udo Ludwig, Institut für Gesteinshüttenkunde der Rhein.-Westf. Technischen Hochschule Aachen
Die Bindung des freien Kalkes und die bei den Trass-Kalk-Reaktionen entstehenden Neubildungen
1961. 59 Seiten, 18 Abb., 13 Tabellen. DM 18,—

HEFT 995
Prof. Dr.-Ing. Hermann Reiher und Dr. phil. Dietrich von Soden, Institut für technische Physik der Fraunhofer-Gesellschaft, Stuttgart
Einfluß von Erschütterungen auf Gebäude
1961. 45 Seiten, 11 Abb. DM 13,90

HEFT 998
Prof. Dr. phil. nat. habil. Hans-Ernst Schwiete, Dr. phil. Hermann Müller-Hesse und Dipl.-Chem. John Egon Planz, Institut für Gesteinshüttenkunde der Rhein.-Westf. Technischen Hochschule Aachen
Untersuchungen über Festkörperreaktionen im System BaO—Al_2O_3—SiO_2 mit Hilfe der Infrarot-Spektroskopie
1961. 169 Seiten, 82 Abb., 32 Tabellen. DM 49,—

HEFT 1005
Prof. Dr.-Ing. habil. Kurt Walz, Dr.-Ing. Justus Bonzel, Forschungsinstitut der Zementindustrie, Düsseldorf
Festigkeitsentwicklung verschiedener Zemente bei niederer Temperatur
1961. 42 Seiten, 25 Abb., 7 Tabellen. DM 15,10

HEFT 1012
Dr. rer. pol. Theo Beckermann, Dipl.-Kfm. Meinolf Wulff, Rheinisch-Westfälisches Institut für Wirtschaftsforschung, Essen
Entwicklung und Situation des Baumarktes
1961. 119 Seiten, 5 Abb., 10 Tabellen. Strukturtabellen 1–35. DM 34,10

HEFT 1026
Prof. Dr. phil. nat. habil. Hans-Ernst Schwiete und Dipl.-Chem. Hans Georg Ritt, Institut für Gesteinshüttenkunde der Rhein.-Westf. Technischen Hochschule Aachen
Beitrag zur Konstitution und Wirkungsweise plastifizierender und lufteinführender Betonzusatzmittel
1962. 58 Seiten, 23 Abb., 5 Tabellen. DM 19,90

HEFT 1047
Prof. Dr.-Ing. habil. Kurt Walz und Dr.-Ing. Gerd Wischers, Forschungsinstitut der Zementindustrie, Düsseldorf
Beton als Strahlenschutz für Kernreaktoren
1961. 51 Seiten, 17 Abb., 6 Tabellen. DM 18,70

HEFT 1048
Dr.-Ing. Kamillo Konopicky, Dr. Ingeborg Patzak und Dipl.-Phys. Karl Wohlleben, Forschungsinstitut der Feuerfest-Industrie, Bonn
Über den Glasanteil in Silikatsteinen
1961. 25 Seiten, 6 Abb., 7 Tabellen. DM 11,—

HEFT 1076
Prof. Dr. phil. nat. habil. Hans-Ernst Schwiete, Dr. Rainer Gauglitz, Dipl.-Ing. Christoph Ackermann, Institut für Gesteinshüttenkunde der Rhein.-Westf. Technischen Hochschule Aachen
Der Einfluß der Art, der Korngröße und der Kationenbelegung von Montmorillonit auf sein thermochemisches Verhalten
1962. 49 Seiten, 23 Abb., 5 Tabellen. DM 21,80

HEFT 1077
Prof. Dr. phil. nat. habil. Hans-Ernst Schwiete, Dr. phil. Hermann Müller-Hesse und Dipl.-Chem.-Ing. Oktay Tekin Orhun, Institut für Gesteinshüttenkunde der Rhein.-Westf. Technischen Hochschule Aachen
Über die Stabilität der Mineralien Kyanit, Andalusit und Sillimanit
1962. 67 Seiten, 24 Abb., 10 Tabellen. DM 31,60

HEFT 1090
Dr.-Ing. Kamillo Konopicky, Dipl.-Chem. Emil Karl Köhler und Dr.-Ing. Wilhelm Lohre, Forschungsinstitut der Feuerfest-Industrie, Bonn
Aufbau und Eigenschaften des Kanalisationssteinzeugrohres
Einfluß der Rohstoffe und Herstellungsbedingungen
1962. 85 Seiten, 53 Abb., 15 Tabellen. DM 46,—

HEFT 1096
Dr.-Ing. Kamillo Konopicky, Dipl.-Chem. Emil Karl Köhler, Forschungsinstitut der Feuerfest-Industrie, Bonn
Die Veränderung der keramisch-technologischen Eigenschaften und des Mineralaufbaues verschiedener Tone beim Brennen
1962. 46 Seiten, 23 Abb., 3 Tabellen. DM 27,50

HEFT 1186
Prof. Dr. phil. nat. habil. Hans-Ernst Schwiete und Dipl.-Ing. Friedrich-Carl Dölbor, Institut für Gesteinshüttenkunde der Rhein.-Westf. Technischen Hochschule Aachen
Einfluß der Abkühlungsbedingungen und der chemischen Zusammensetzung auf die hydraulischen Eigenschaften von Hämatitschlacken
1963. 119 Seiten, 52 Abb., davon 1 Abb. farbig, 18 und 38 Tabellen. DM 59,60

HEFT 1241
Dr.-Ing. Kamillo Konopicky, Forschungsinstitut der Feuerfest-Industrie, Bonn
Über die Zonenbildung bei der Reaktion von Glas mit feuerfesten Steinen, vorzugsweise Schamotte-Wannensteinen
1963. 43 Seiten, 23 Abb., 1 Tabelle. DM 22,50

HEFT 1288
Prof. Dr. phil. nat. habil. Hans-Ernst Schwiete und Emil Karl Köhler, Institut für Gesteinshüttenkunde an der Rhein.-Westf. Technischen Hochschule Aachen
Über Aufbau, Eigenschaften und Prüfmethoden feuerfester Mörtel
1964. 136 Seiten, 73 Abb., 19 Tabellen. DM 67,—

HEFT 1299
Prof. Dr. phil. nat. habil. Hans-Ernst Schwiete und Dr.-Ing. Helmut Neises, Institut für Gesteinshüttenkunde an der Rhein.-Westf. Technischen Hochschule Aachen
Untersuchungen über die Verschlackung von Schamotte-Pfannensteinen
In Vorbereitung

HEFT 1321
Prof. Dr.-Ing. Wolfgang Triebel und Dipl.-Ing. Günter Meyerhoff, Institut für Bauforschung e. V., Hannover
Elemente und Maßstäbe der Produktivität
In Vorbereitung

HEFT 1322
Prof. Dr.-Ing. Wolfgang Triebel und Dipl.-Ing. Erichbernd Brocher, Institut für Bauforschung e. V., Hannover
Wirtschaftlichkeit der Vorfertigung bestimmter Elemente im Hochbau
In Vorbereitung

HEFT 1323
Obering. Gerhard Piltz, Institut für Ziegelforschung Essen e. V., Essen-Kray
Untersuchung der Möglichkeiten der Aufhellung der Brennfarben von Ziegelrohstoffen
In Vorbereitung

HEFT 1336
Prof. Dr. phil. nat. habil. Hans-Ernst Schwiete und C. Metzger, Institut für Gesteinshüttenkunde an der Rhein.-Westf. Technischen Hochschule Aachen
Methoden zur Untersuchung des Fließverhaltens von feuerfesten Baustoffen bei hohen Temperaturen
In Vorbereitung

HEFT 1337
Prof. Dr. phil. nat. habil. Hans-Ernst Schwiete und KH. Karsch, Institut für Gesteinshüttenkunde an der Rhein.-Westf. Technischen Hochschule Aachen
Einfluß der Vorbehandlung auf das chemische und mechanische Verhalten binärer Alkaliboratgläser
In Vorbereitung

HEFT 1338
Prof. Dr.-Ing. Otto Kienzle, Institut für Werkzeugmaschinen und Umformtechnik an der Technischen Hochschule Hannover
Der Verschleiß an Preßformen bei der Herstellung von Schleifkörpern. Teil I und II
In Vorbereitung

HEFT 1339
Prof. Dr. A. Dietzel, Max-Planck-Institut für Silikatforschung Würzburg, im Auftrage der Deutschen Keramischen Gesellschaft e. V., Bad Honnef
Untersuchungen über die Spannungsverteilung im System Mörtel-Scherben-Glasur bei angelegten Wandplatten
In Vorbereitung

HEFT 1341
Prof. Dr. phil. nat. habil. Hans-Ernst Schwiete, Dr. phil. Hermann Müller-Hesse und Dipl.-Ing. Ehrhardt Wilkendorf, Institut für Gesteinshüttenkunde der Rhein.-Westf. Technischen Hochschule Aachen
Untersuchungen an Al_2O_3 : SiO_2-Mineralien als Rohstoffe für feuerfeste Erzeugnisse
1964, 53 Seiten, 26 Abb., 13 Tabellen. DM 28,—

HEFT 1342
Dipl.-Chem. Dr. Paul Ney, Forschungslaboratorium des Bundesverbandes der Deutschen Kalkindustrie e. V., Köln-Raderthal
Einfluß der Zusammensetzung der flüssigen Phase beim Löschvorgang auf die Plastizitätseigenschaften des Kalkes nach Emley
In Vorbereitung

HEFT 1343
Prof. Dr. A. Dietzel, Direktor des Max-Planck-Instituts für Silikatforschung, Würzburg
Untersuchungen über das Schnellkühlverfahren bei Steinzeug.
Gefügeaufbau des Scherbens von Isolatorenporzellan
In Vorbereitung

HEFT 1345
Dipl.-Ing. Herbert Menkhoff, Institut für Baumaschinen und Baubetrieb der Rhein.-Westf. Technischen Hochschule Aachen
Raumgewichtsbestimmung mit radioaktiven Isotopen

HEFT 1346
Dipl.-Ing. Armin Horn, Institut für Verkehrswasserbau, Grundbau und Bodenmechanik der Rhein.-Westf. Technischen Hochschule Aachen
Die Scherfestigkeit von Schluff
Bd. I und Bd. II

HEFT 1351
Obering. Gerhard Piltz, Institut für Ziegelforschung Essen e.V., Essen-Kray
Vergleich der in der Grobkeramik angewandten Untersuchungsmethoden in bezug auf ihre Aussage über technologisches Verhalten der Rohstoffe und der Eigenschaften der daraus gefertigten Erzeugnisse
In Vorbereitung

Verzeichnisse der Forschungsberichte aus folgenden Gebieten können beim Verlag angefordert werden: Acetylen/Schweißtechnik – Arbeitswissenschaft – Bau/Steine/Erden – Bergbau – Biologie – Chemie – Eisenverarbeitende Industrie – Elektrotechnik/Optik – Energiewirtschaft – Fahrzeugbau/Gasmotoren – Farbe/Papier/Photographie – Fertigung – Funktechnik/Astronomie – Gaswirtschaft – Holzbearbeitung – Hüttenwesen/Werkstoffkunde – Kunststoffe – Luftfahrt/Flugwissenschaften – Luftreinhaltung – Maschinenbau – Mathematik – Medizin/Pharmakologie/NE-Metalle – Physik – Rationalisierung – Schall/Ultraschall – Schifffahrt – Textiltechnik/Faserforschung/Wäschereiforschung – Turbinen – Verkehr – Wirtschaftswissenschaft.

WESTDEUTSCHER VERLAG · KÖLN UND OPLADEN
567 Opladen/Rhld., Ophovener Straße 1–3

GPSR Compliance
The European Union's (EU) General Product Safety Regulation (GPSR) is a set of rules that requires consumer products to be safe and our obligations to ensure this.

If you have any concerns about our products, you can contact us on

ProductSafety@springernature.com

In case Publisher is established outside the EU, the EU authorized representative is:

Springer Nature Customer Service Center GmbH
Europaplatz 3
69115 Heidelberg, Germany

www.ingramcontent.com/pod-product-compliance
Ingram Content Group UK Ltd.
Pitfield, Milton Keynes, MK11 3LW, UK
UKHW061701190726
13853UKWH00008B/2335

* 9 7 8 3 6 6 3 0 6 5 1 6 6 *